給我一點太空！

翻譯 謝靜雯

文、圖 菲利普‧邦廷 PHILIP BUNTING

打ㄉㄚˇ從ㄘㄨㄥˊ群ㄑㄩㄣˊ星ㄒㄧㄥ合ㄏㄜˊ力ㄌㄧˋ將ㄐㄧㄤ烏ㄨ娜ㄋㄚˋ帶ㄉㄞˋ來ㄌㄞˊ地ㄉㄧˋ球ㄑㄧㄡˊ這ㄓㄜˋ兒ㄦ，
烏ㄨ娜ㄋㄚˋ就ㄐㄧㄡˋ熱ㄖㄜˋ愛ㄞˋ太ㄊㄞˋ空ㄎㄨㄥ。

她跨出的第一步，
就是好一大步。

她說出口的第一個字是
「重力」！

隨著每年過去，
烏娜的生日蛋糕變得越來
越有天文學的特色。

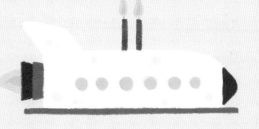

現在，地球多繞了幾圈太陽之後，
烏娜對宇宙充滿好奇，從銀河系之間得到不少靈感。

月亮

觀察筆記

尼爾

真正的隕石！

烏娜夢想到太空生活。
因為地球上的生活很普通。

地球沒有土星那種炫目的行星環。

無趣。

地球沒有火星那種搶眼的名稱。

地球是跟著地面命名的⋯⋯泥土、土壤、泥巴！

地球沒辦法像彗星那樣咻的飛快竄過太空。

總有一天，烏娜會成為太空人。
她會將地球遠遠拋在後頭。

可ㄎㄜˇ是ㄕˋ目ㄇㄨˋ前ㄑㄧㄢˊ，她ㄊㄚ只ㄓˇ是ㄕˋ儲ㄔㄨˊ備ㄅㄟˋ太ㄊㄞˋ空ㄎㄨㄥ人ㄖㄣˊ。

烏ㄨ娜ㄋㄚˋ很ㄏㄣˇ喜ㄒㄧˇ歡ㄏㄨㄢ「太ㄊㄞˋ空ㄎㄨㄥ人ㄖㄣˊ」那ㄋㄚˋ部ㄅㄨˋ分ㄈㄣˋ，
但ㄉㄢˋ不ㄅㄨˋ怎ㄗㄣˇ麼ㄇㄜ˙欣ㄒㄧㄣ賞ㄕㄤˇ「儲ㄔㄨˊ備ㄅㄟˋ」這ㄓㄜˋ部ㄅㄨˋ分ㄈㄣˋ。
要ㄧㄠˋ長ㄓㄤˇ這ㄓㄜˋ麼ㄇㄜ˙高ㄍㄠ得ㄉㄟˇ等ㄉㄥˇ好ㄏㄠˇ久ㄐㄧㄡˇ時ㄕˊ間ㄐㄧㄢ。

可是好的部分在這裡。
烏娜一直勤奮的擬著一項星際計畫……

當然還要穿上搭配的裝束。

魚缸頭盔
（抱歉了，尼爾）

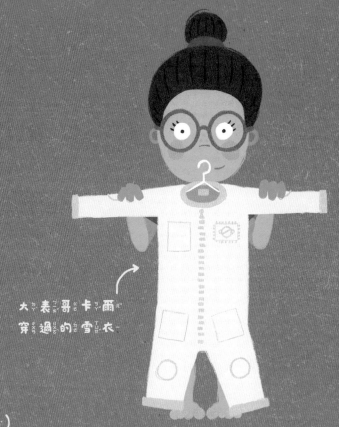

大表哥卡爾
穿過的雪衣

卡爾的滑雪手套
（有點太大，
但還是能發揮效用）

媽積滿灰塵的
全白雪靴
（大概是1995年的
產品）。
依然很酷。

今天是個大日子。

今天，
烏娜終於要把地球上單調乏味的生活，
換成非凡無比、倘佯太空的外星生活！

（打包完野餐以後，
她就向尼爾道別。）

自製的氧氣筒
（從回收桶撿來的）

果汁　果汁

很多的膠帶，
好把東西固定
在一起

從工具棚拿來
的管子

她ㄊㄚ的ㄉㄜ任ㄖㄣˋ務ㄨˋ：

在ㄗㄞˋ

太ㄊㄞˋ空ㄎㄨㄥ

找ㄓㄠˇ到ㄉㄠˋ

生ㄕㄥ命ㄇㄧㄥˋ！

但是她必須先進太空才行。

第一次嘗試
汽水加薄荷糖

失敗！

第二次嘗試
~~巨型派對氣球~~
~~裡面灌滿氫氣~~

不行。

離地32公分

Hydrogen.

離地56公分

（好吧，我可能有稍微跳一下。）

第ㄉㄧˋ 三ㄙㄢ 次ㄘˋ 嘗ㄔㄤˊ 試ㄕˋ

火ㄏㄨㄛˇ 箭ㄐㄧㄢˋ！

5，4，3，2，1…

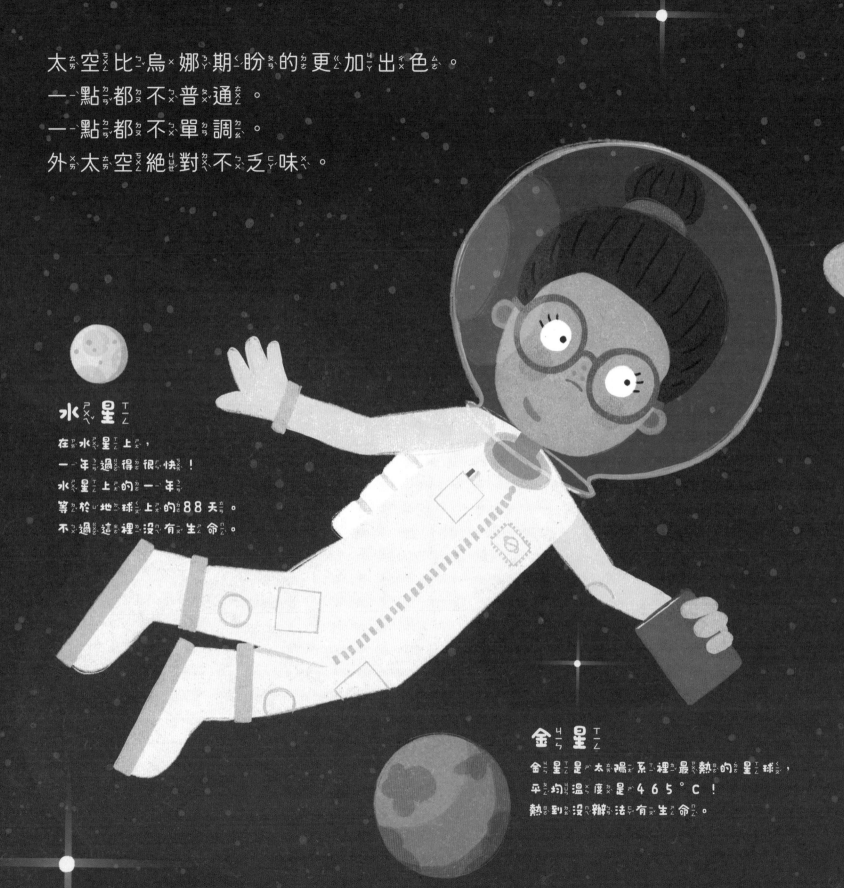

太空比烏娜期盼的更加出色。
一點都不普通。
一點都不單調。
外太空絕對不乏味。

水星

在水星上，
一年過得很快！
水星上的一年
等於地球上的88天。
不過這裡沒有生命。

金星

金星是太陽系裡最熱的星球，
平均溫度是465°C！
熱到沒辦法有生命。

土星

這裡沒有生命，但它眾多衛星裡的一個（土衛六）有自己的大氣！
也許總有一天……

天王星

天王星

這個難聞的行星被硫化氫（H_2S）團團圍繞——那就是讓雞蛋發臭的東西。
好噁——這裡太臭了，沒辦法有生命。

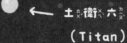

← 土衛六（Titan）

木星

這個龐然大物比地球寬11倍，至少有79個衛星！
可是，木星全是氣體，沒有生命。

火星

這個紅色的行星上（還）沒有生命。
但是奧林帕斯山就在那裡——太陽系最高的山脈——從底部算起，頂峰的高度超過26公里！

幾乎到了太陽系邊緣。
到目前為止
還沒有生命……

呼，
天王星真的
好臭！

外頭這裡只
有我嗎？

我之前記得餵
尼爾嗎？

也許太空裡
沒有生命？

隨著每個時刻過去，
烏娜的心思就像宇宙
一樣擴展。

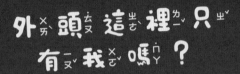

她越往太陽系的邊緣去，
太空和時間似乎停滯不動。

海王星
我們太陽系最遙遠的
行星冷颼颼，平均溫
度是－214℃！這裡
也沒有生命。
好冷啊啊啊！

柯伊-伯-帶
(Kuiper Belt)
一個由凍石和冰組成的環圈，
形狀有如巨型甜甜圈。
冥王星就在這裡頭的某個地方！

在太空旅行一陣子之後，
烏娜想吃東西了。
所以她在一圈凍石上找到一個好
地方，吃起了起司三明治和太空
人冰淇淋。

甲酸乙酯
(C3H6O2)
我讀過，銀河系中心因為化合
物「甲酸乙酯」的關係，味道
就像覆盆梅。可口！

遙遠的地方有一個東西抓住烏娜的目光。
在附近一個衛星的光線下，
那個小小的藍點發著光，
彷彿活著似的閃閃爍爍。
烏娜看得好入迷，
趕緊收拾野餐，
出發朝它前進。

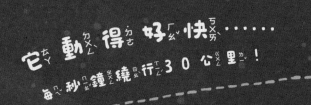

它動得好快……
每秒鐘繞行30公里！

它順著軸心轉動，
速度每小時1600
公里左右。

烏娜越來越靠近的時候，可以看
出那個閃閃發光的藍色行星正以
巨大的環圈，繞著它的恆星公轉。

它有一個
月亮。

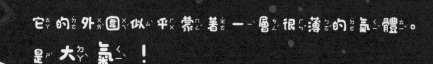

它的外圍似乎蒙著一層很薄的氣體。
是大氣！
這個行星上面會不會有生命？

它會是什麼呢？她在太空找到生命了嗎？
就在烏娜越來越接近那個轉動不停、
閃閃發亮的星球時，
數不清的可能性一股腦兒竄過她的腦海。

轉眼間，那個星球清晰起來。
原來那個藍色行星是
……地球。

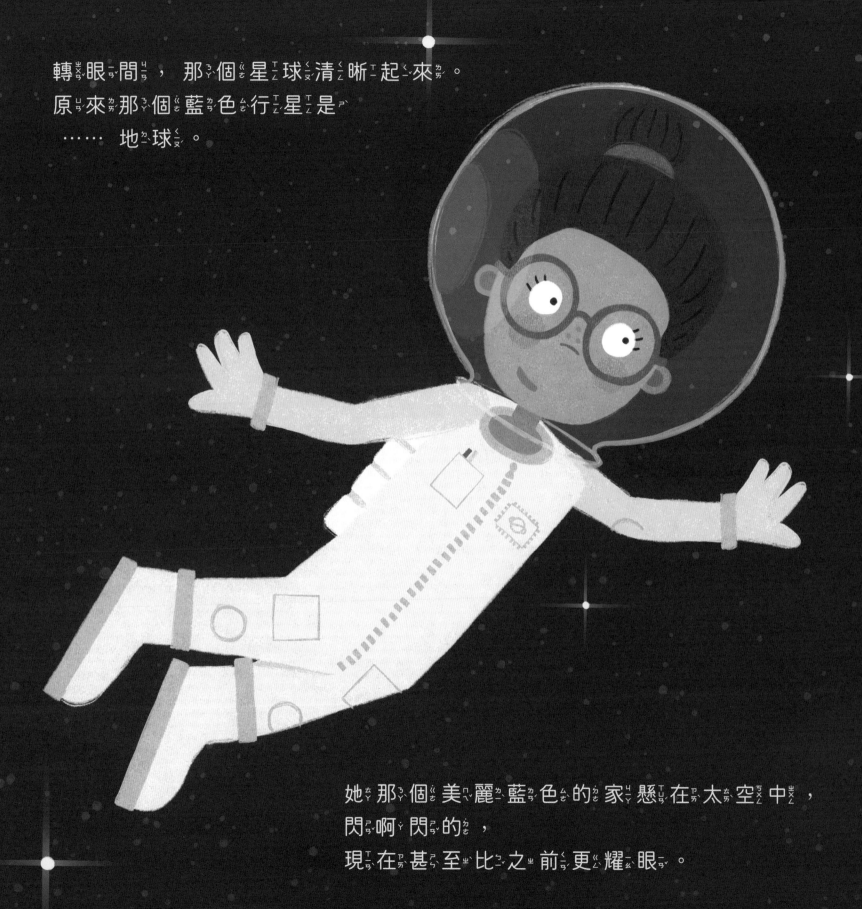

她那個美麗藍色的家懸在太空中，
閃啊閃的，
現在甚至比之前更耀眼。

就在那一刻，
烏娜做了個精彩的觀察：

太空裡有生命……

我們就是太空裡的生命！

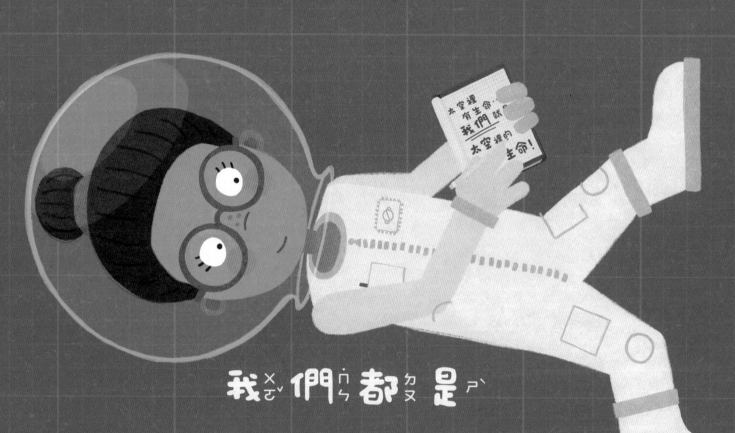

我們都是

宇宙裡最了不起的

太空船裡的船員。

我們需要探索的
關於宇宙的一切
都已經在手邊：

新鮮的水

空氣補給
（謝謝樹木！）

很多美味
的食物
（尤其是太空人
冰淇淋）

有很多空間可以
在裡面生活、
愛、學習和玩

同行的旅客
有各種物種、
形狀和大小。

完成了任務
（　太空人冰淇淋嚴重缺貨），
回家……
是時候啟動新任務！

我們現在都正在太空中穿梭！
地球就是我們的太空船，
也是我們唯一的家。

我們的任務就是要照顧好地球，
這樣我們就能在無盡的未來
繼續探索整個宇宙。

「我舉起一根拇指，閉起一眼，
我的拇指遮住了整個地球。
我不覺得自己是個巨人。
反而覺得非常、非常渺小。」

尼爾・阿姆斯壯 ← 太 空 人 （ 不 是 一 條 金 魚 ）

文・圖/菲利普・邦廷　翻譯/謝靜雯
主編/胡琇雅　行銷企畫/倪瑞廷　美術編輯/蘇怡方
董事長/趙政岷　第五編輯部總監/梁芳春
出版者/時報文化出版企業股份有限公司
108019台北市和平西路三段240號七樓
發行專線/(02)2306-6842
讀者服務專線/0800-231-705、(02)2304-7103
讀者服務傳真/(02)2304-6858
郵撥/1934-4724時報文化出版公司
信箱/10899臺北華江橋郵局第99信箱
統一編號/01405937
copyright © 2021 by China Times Publishing Company
時報悅讀網/www.readingtimes.com.tw
法律顧問/理律法律事務所　陳長文律師、李念祖律師
Printed in Taiwan
初版一刷/2021年04月16日

給艾蜜莉